泉美智子・文　新谷紅葉・圖　唐亞明・譯

經濟學是什麼？

③ 如果公司光想着賺錢

香港中文大學出版社

目錄

經濟學是什麼？

③ 如果公司光想着賺錢

1 如果「機器人麵包店」是個人商店（個人商店的構造）　頁4

2 如果「機器人麵包店」成為股份公司（股份公司的構造）　頁14

泉美智子·文　新谷紅葉·圖　唐亞明·譯

3 如果「機器人麵包店」成為連鎖店（連鎖店的構造）

頁24

4 如果「機器人麵包店」光想着賺錢（公司的利潤）

頁34

如果「機器人麵包店」是個人商店（個人商店的構造）

這位是來自外星的機器人。

他原來住在「糕點星」上，在宇宙間迷了路，跑到地球上來了。

他擅長做麵包，身上儲備着好多做麵包的原料，

還裝有做麵包所需的各種工具。

每天一大早，他就開始做麵包。

做完後，他打開身上的小門，把麵包擺進去。

ほがらか公園

開心公園

「機器人麵包店」正式開張了。

機器人掛出了招牌，上面寫着：「一個麵包30日元」。

沒過多久，麵包店名聲大噪。每天清早，顧客排長隊買麵包。

「剛烤好的麵包真好吃啊！」

「這傳聞一點兒沒錯呀，味道就是好！」

買到麵包的顧客都很滿意。

一到早上7點，好多中學生來買「機器人麵包」，

帶到學校當午飯。

有的學生先在店裏吃一個剛烤好的麵包，

然後再帶走一個，留到中午吃。

「什麼時候吃都好吃。」

「要是好吃的話，我今天買３個！」

到處都可以聽到人們七嘴八舌議論麵包的聲音。

有些特地趕來買麵包的人，

看到「已售完」的招貼，可洩氣呢。

機器人把對待顧客的心意，喜愛麵包的真心，

都揉入麵包中，所以特別好吃。

機器人麵包幾乎每天都被搶購一空。

機器人肚子裏的保險箱裏裝滿了錢。

可是，機器人從「糕點星」帶來的麵包原料快用光了，

他心裏忐忑不安。

看來，暢銷也會帶來煩惱。

由於宇宙飛船的故障，機器人和「糕點星」聯繫不上了。

沒法子，他只好去超市和各類食品店找做麵包的原料。

他買原料，做麵包，賣麵包，

幹什麼都是一個人。

除此之外，他還做其他的工作。

比如，賣完麵包，他要算帳。

今天賣了150個麵包，

150個 × 30日元 = 4,500日元。

今天收入4,500日元，減去1,000日元的原料費，

利潤是3,500日元。

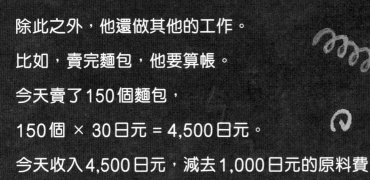

每天傍晚，

機器人把買來的原料裝進頭裏的攪拌機，

攪拌後做成麵團。

他睡覺時，麵團就慢慢發起來。

機器人生長在「糕點星」，

只要有原料，他就能做出糕點和麵包，沒必要僱人。

他身體裏還有發電機。

水和麵包原料用完了，去便利店買回來就行了。

他一不需要僱人，二不需要交電費和煤氣費，

所以麵包價格便宜。

2 如果「機器人麵包店」成為股份公司（股份公司的構造）

地球人對機器人說：

「除了做麵包，其他工作我包了吧，我們一塊兒成立公司怎麼樣？」

「應該讓更多的人吃到好吃的機器人麵包！」

「也是啊。」機器人動了心。

「成立一家股份公司，可比你一個人埋頭苦幹強多了。

賣得越多，顧客越高興啊！」

「那好吧，我試試看。你能幫我嗎？」

就這樣，機器人與地球人合夥成立了麵包公司。

公司在郊外建起了麵包工廠，

還購入了新機器，僱用了一些員工。

員工們負責把烤好的麵包放入塑料袋，然後裝進紙箱。

機器人發麵團，烤麵包，

幹得比以前更起勁了。

機器人忙得不亦樂乎，

連休息和打掃衞生的時間都沒有。

地球人在麵包工廠裏設置了辦公室。

辦公室裏安裝了好多台電腦和電話，還僱傭了幾名員工。

有接受商店訂貨的人，有統計各商店訂貨單的人，

有往紙箱上貼收貨地址的人，還有計算工資的人。

公司辦公室的工作繁雜，

與做麵包不同，要坐在桌子前幹。

而機器人不用幹這些工作，

他只要從早到晚不停地做麵包。

機器人一個人做麵包時，

一個麵包賣30日元。

因為不用電費，也無需僱人。

可是現在，興建工廠，購買機器，

還要僱用很多員工，麵包不漲價就難以維持下去。

現在，一個麵包漲到了100日元。

如果每天賣1,000個，銷售額是10萬日元。

每月就是300萬日元。

個人商店難以進行大批量生產。可是成立公司，讓公司發展壯大，也不是一件容易的事。

10個員工的工資，加上麵包原料等，共計200萬日元。

300萬日元減去200萬日元，利潤就是100萬日元。

就這樣，機器人每天做1,000多個麵包，

員工們在流水線上包裝，裝箱。

機器人已經不是個人商店，而是公司的一員。

因為工作繁忙，他已經不能像從前那樣，

把對待顧客的心意和喜愛麵包的真心，揉入麵包中了。

機器人盯着裝麵包的塑料袋，想出了一個好主意。

他在每個袋裏放進一張卡片，上面寫着：

「這個麵包好吃嗎？你如果注意到了什麼，

就給我們打電話吧，我會免費給你寄去麵包。」

這幾句話上還注上拼音，連小朋友都能看懂。

這個主意獲得了成功。

雖然也有人提意見，但大部分電子郵件和傳真的內容是：

「麵包非常好吃，謝謝！」

機器人麵包贏得了信譽，訂貨增加了兩倍。

機器人和地球人合辦的公司日益發展。

公司的利潤也越來越多了。

最令機器人高興的是，

自己喜愛麵包的心情，

和做個人商店時一樣，一點兒沒有變化。

如果「機器人麵包店」成為連鎖店（連鎖店的構造）

「糕點星」的國王聽說機器人麵包在地球上大受歡迎，

就考慮在日本各地興建麵包工廠和麵包店，

藉此和地球交朋友。

第1號宇宙飛船飛往北海道，第2號，第3號⋯⋯

他一共向日本發射了8艘宇宙飛船，

糕點機器人們用降落傘來到各大城市。

連鎖店的特點是，不論你在全國的哪家店裏，都能品嘗到相同味道的食物。因為製作麵包的基本流程，都設定在機器人的大腦裏。

北海道、東北、關東、中部、近畿、中國、四國、九州……
機器人的朋友們前往日本的四面八方，
興建麵包工廠，募集員工。
就這樣，「機器人麵包」的連鎖店，
在很多城市開張了。

不論在哪兒，「機器人麵包」都又好吃，又便宜。
從糕點星來的機器人朋友們，
對增進糕點星和地球的友誼發揮着重要作用。

在東京工作的機器人，

看到好吃的機器人麵包使糕點星和

地球成為好朋友，

別提有多高興了。

哪家連鎖店都使用相同的原料，相同的方法，

烤製出相同味道的麵包。

一位東京顧客到北海道旅遊，

偶然看到了機器人麵包店。

他買來一嘗，和東京店的麵包一樣好吃，非常滿意。

安裝在機器人大腦裏的麵包烤製方法，

是「企業秘密」。

機器人麵包連鎖店開張的第二年，

關東平原發生了大地震。

山崩地裂，橋梁倒塌，停電停水停煤氣，

連電話都打不出去。

地震還引起海嘯，許多人喪失了寶貴的生命。

於是，糕點星的國王下命令說：

「儘快把機器人麵包運到災區去！免費提供給受災民眾！」

「進一步鞏固糕點星和地球的友誼！」

東京總店的機器人，用直升飛機把大量麵包運往災區，

分發給當地的老百姓。

北海道分店和九州分店的機器人，

也學習東京總店，

用同樣的方法免費運送和分發麵包。

這是為社會做貢獻啊！
公司依靠消費者，有了盈利，
在這種時候發揮作用是理所當
然的。但是，並不是所有公司
都能做到這一點，機器人麵包
店不簡單！

4 如果「機器人麵包店」
光想着賺錢（公司的利潤）

但是，如果「機器人麵包店」光想着賺錢，

那會出現什麼情況呢？

機器人麵包發麵和烤製的方法，

別的麵包店難以模仿。

加上誠心誠意做麵包，

才贏得了「機器人麵包好吃」的聲譽。

有一天，碰巧麵包銷量不多，

剩下了不少發好的生麵團。

店員覺得扔掉怪可惜的，

就加了一些新原料，

摻合在一起用。

如果這樣做，不僅味道會下降，
而且不衞生！
如果味道變了，來買機器人麵包
的顧客肯定會減少。

可是這次，顧客並沒有大量減少。

合夥經營的地球人是這麼考慮的：

「如果把做麵包的時間縮短三分之二，

就可以做出3倍的麵包，每天生產3,000個。

那營業額和利潤不也就成了3倍嘛。」

結果，機器人一點兒都不能休息，

也沒時間檢查發麵和烤製的質量，

連打掃衛生的功夫都沒有，

更別提把自己喜愛做麵包的熱情揉入麵包中了。

麵包銷量越大，提意見的顧客就越多。

連那些對味道不太敏感的人都感覺到：

「味道比以前差了。」

麵包的銷路不僅沒有擴大，反而縮小了。

機器人向合夥經營的地球人建議：

「我們對顧客進行問卷調查吧，聽聽他們怎麼說。」

問卷調查收到了許多意見：

「機器人麵包不好吃了。」

「機器人麵包特有的香味沒了。」

「麵包變硬了。」

機器人麵包店失敗的原因是：光想着賺錢，不顧質量擴大生產。

結果造成了麵包滯銷，顧客減少。

公司不僅沒賺到錢，銷售額反而大幅度下降了。

檢疫所的檢查員聽到了「機器人麵包不衛生」的傳聞，

對全國的機器人麵包工廠進行了全面檢查。

「這就是做麵包的機器人啊！」

「身上這麼髒，確實不衛生呀！」

於是，檢疫所下達命令：機器人一個星期不許工作，做大掃除。

合夥經營的地球人終於懂得了：

公司要發展，最重要的是不能只考慮增加銷售額，

而應考慮如何做出好吃的麵包，

並根據顧客要求提供周到的服務。

機器人自言自語地說：「謝謝大家回答問卷調查……」

停工期間，機器人被分解開，

進行了徹底的大掃除。

機器人如同獲得了新生。

他們在烤製出的麵包上，繪上機器人的表情，

還有糕點星上盛開的花卉的圖案。

他們精心製作，把感情揉入每個麵包中。

顧客都表揚說：「機器人麵包又好吃了！」

糕點星的機器人們這才放心，他們臉上又恢復了笑容。

「麵包還是一個個做出來才好吃啊！」

「我們和好多地球人交了朋友，

可不顧質量擴大生產，是令人痛心的！」

「讓我們用三分之一的時間做出麵包來，不可能啊！

我們的身體構造，不是那麼設計的呀。」

「在地球上大批量生產也許理所當然，可我們不會啊！」

機器人們一邊談論着，

一邊登上宇宙飛船，飛回了糕點星。

文：泉美智子

「兒童環境・經濟教育研究室」代表，理財規劃師、日本兒童文學作家協會會員，曾任公立鳥取環境大學經營學部準教授。她在日本全國舉辦面向父母和兒童、小學生、中學生的經濟教育講座，同時編寫公民教育課外讀物和紙芝居（即連環畫劇）。主要著作有《保險是什麼？》（近代セールス社，2001）、《調查一下金錢動向吧》（岩波書店，2003）、《電子貨幣是什麼？》（1–3）（汐文社，2008）、《圖說錢的秘密》（近代セールス社，2016）等。

圖：新谷紅葉

畫家，插圖畫家。主要繪製廣告畫、雜誌插圖、繪本等，還繪製大型繪畫，多次舉辦個人畫展和參加團體畫展。曾入選兩年一度的日本國際美術展和現代日本美術展。榮獲唱片封套設計比賽特別獎。

譯：唐亞明

在北京出生和成長，畢業於早稻田大學文學系、東京大學研究生院。1983年應「日本繪本之父」松居直邀請，進入日本最權威的少兒出版社福音館書店，成為日本出版社的第一個外國人正式編輯，編輯了大量優秀的圖畫書，多次榮獲各種獎項。曾任「意大利波隆那國際兒童書展」評委、日本國際兒童圖書評議會（JBBY）理事、全日本華僑華人文學藝術聯合會會長，以及日本華人教授會理事。主要著作有《翡翠露》（獲第8屆開高健文學獎勵獎）、《哪吒和龍王》（獲第22屆講談社出版文化獎繪本獎）、《西遊記》（獲第48屆產經兒童出版文化獎）等。

《經濟學是什麼？③如果公司光想着賺錢》

　泉美智子 著
　新谷紅葉 圖
　唐亞明 譯

繁體中文版 © 香港中文大學 2019
『はじめまして!10歳からの経済学〈3〉もしも会社がもうけばかり考えたら』© ゆまに書房

本書版權為香港中文大學所有。除獲香港中文大學書面允許外，不得在任何地區，以任何方式，任何文字翻印、仿製或轉載本書文字或圖表。

國際統一書號（ISBN）：978-988-237-136-1

出版：香港中文大學出版社
　　　香港 新界 沙田・香港中文大學
　　　傳真：+852 2603 7355
　　　電郵：cup@cuhk.edu.hk
　　　網址：www.chineseupress.com

What is Economics?
③ What If Profit Making Is the Only Concern to a Company

　By Michiko Izumi
　Illustrated by Kureha Shintani
　Translated by Tang Yaming

Traditional Chinese Edition © The Chinese University of Hong Kong 2019
Original Edition © Yumani Shobo

All Rights Reserved.

ISBN: 978-988-237-136-1

Published by The Chinese University of Hong Kong Press
　　　The Chinese University of Hong Kong
　　　Sha Tin, N.T., Hong Kong
　　　Fax: +852 2603 7355
　　　Email: cup@cuhk.edu.hk
　　　Website: www.chineseupress.com

Printed in Hong Kong